essentials

W0260846

Essentials liefern aktuelles Wissen in konzentrierter Form. Die Essenz dessen, worauf es als „State-of-the-Art" in der gegenwärtigen Fachdiskussion oder in der Praxis ankommt. Essentials informieren schnell, unkompliziert und verständlich

- als Einführung in ein aktuelles Thema aus Ihrem Fachgebiet
- als Einstieg in ein für Sie noch unbekanntes Themenfeld
- als Einblick, um zum Thema mitreden zu können

Die Bücher in elektronischer und gedruckter Form bringen das Expertenwissen von Springer-Fachautoren kompakt zur Darstellung. Sie sind besonders für die Nutzung als eBook auf Tablet-PCs, eBook-Readern und Smartphones geeignet.

Essentials: Wissensbausteine aus den Wirtschafts, Sozial- und Geisteswissenschaften, aus Technik und Naturwissenschaften sowie aus Medizin, Psychologie und Gesundheitsberufen. Von renommierten Autoren aller Springer-Verlagsmarken.

Weitere Bände in dieser Reihe
http://www.springer.com/series/13088

Reiner Thiele

Reflektierender Faraday-Effekt-Stromsensor

Prof. Dr. Reiner Thiele
Zittau
Deutschland

Unter Mitwirkung von

Dipl.-Ing. (FH) Andreas Israel
Dipl.-Ing. (FH) Andreas Pohl
Dipl.-Ing. Christian Winkler
Bernd Schwarz

ISSN 2197-6708   ISSN 2197-6716
essentials
ISBN 978-3-658-09444-7   ISBN 978-3-658-09445-4 (eBook)
DOI 10.1007/978-3-658-09445-4

Die Deutsche Nationalbibliothek verzeichnet diese Publikation in der Deutschen Nationalbiblio-
grafie; detaillierte bibliografische Daten sind im Internet über http://dnb.d-nb.de abrufbar.

Springer Vieweg
© Springer Fachmedien Wiesbaden 2015
Das Werk einschließlich aller seiner Teile ist urheberrechtlich geschützt. Jede Verwertung, die
nicht ausdrücklich vom Urheberrechtsgesetz zugelassen ist, bedarf der vorherigen Zustimmung
des Verlags. Das gilt insbesondere für Vervielfältigungen, Bearbeitungen, Übersetzungen, Mikro-
verfilmungen und die Einspeicherung und Verarbeitung in elektronischen Systemen.
Die Wiedergabe von Gebrauchsnamen, Handelsnamen, Warenbezeichnungen usw. in diesem
Werk berechtigt auch ohne besondere Kennzeichnung nicht zu der Annahme, dass solche Namen
im Sinne der Warenzeichen- und Markenschutz-Gesetzgebung als frei zu betrachten wären und
daher von jedermann benutzt werden dürften.
Der Verlag, die Autoren und die Herausgeber gehen davon aus, dass die Angaben und Informa-tio-
nen in diesem Werk zum Zeitpunkt der Veröffentlichung vollständig und korrekt sind. Weder der
Verlag noch die Autoren oder die Herausgeber übernehmen, ausdrücklich oder implizit, Gewähr
für den Inhalt des Werkes, etwaige Fehler oder Äußerungen.

Gedruckt auf säurefreiem und chlorfrei gebleichtem Papier

Springer Fachmedien Wiesbaden ist Teil der Fachverlagsgruppe Springer Science+Business Media
(www.springer.com)

Vorwort

Die potenzialgetrennte Messung elektrischer Ströme ohne Eingriff in den Stromkreis der Messgröße stellt ein grundsätzliches Problem der Messtechnik dar.

Dieses Problem wurde durch die vorgelegte Erfindung des Verfahrens und der Schaltungsanordnung eines reflektierenden Faraday-Effekt-Stromsensors zur Messung elektrischer Ströme mit automatischer Kompensation der Doppelbrechung und streng linearer Beziehung zwischen Messwerten und Messgröße gelöst.

Erstmals gelang die exakte Lösung einer den faseroptischen Stromsensor beschreibenden nichtlinearen Sensor-Differenzialgleichung (DGL). Die hervorragenden Eigenschaften des vorgelegten faseroptischen Stromsensors lassen sich anhand der Lösungen der Sensor-DGL demonstrieren und sind Gegenstand des vorgelegten Essential.

Der hier beschriebene faseroptische Stromsensor stellt die Weiterentwicklung gegenüber früher vorgestellten Erfindungen zum Thema „Faseroptischer Stromsensor" dar. Er hat praxisrelevante Eigenschaften, und der Autor sucht deshalb potenzielle Applikatoren.

Inhaltsverzeichnis

Was Sie in diesem Essential finden können

- Applikation des Jones- Kalküls zur mathematischen Beschreibung der Sensorfunktion
- Lösungsverhalten einer nichtlinearen Sensor- Differentialgleichung
- Eigenschaften eines optischen Kopplers
- Methoden zur Drift- Kompensation in Faraday- Effekt- Stromsensoren

Einleitung 1

Die Messung von hohen elektrischen Strömen ohne Eingriff in den Messgrößenkreis stellt ein grundsätzliches Problem der elektrischen Energietechnik dar.

Dieses Problem wird hier durch die Applikation des Faraday-Effektes zur Polarisations-Ebenen-Drehung linear polarisierten Lichtes in Lichtwellenleitern, induziert durch das den stromführenden elektrischen Leiter umgebende Magnetfeld, gelöst.

Eine in Reflexion arbeitende erfindungsgemäße Schaltungsanordnung aus optischen und elektronischen Komponenten stellt dabei den gewünschten linearen Zusammenhang zwischen Messgröße und Messwert bei Elimination der störenden Doppelbrechung der Lichtwellenleiter her, die sich ansonsten vermindernd auf die Effizienz des Faraday-Effektes auswirkt.

Es gelten die folgenden 5 Kernaussagen, die den Praxisnutzen deutlich machen:

- Messung hoher elektrischer Ströme ohne Eingriff in den Messgrößenkreis,
- Messung von Strömen beliebigen zeitlichen Verlaufes, insbesondere von Gleich- und Wechselströmen,
- Potenzialgetrennte Messung der Ströme durch die Applikation von Lichtwellenleitern,
- Linearer Zusammenhang zwischen Messgröße und Messwert,
- Messung des Anteils vieler Unter- und Oberschwingungen im Stromverlauf gegenüber 50 Hz.

© Springer Fachmedien Wiesbaden 2015
R. Thiele, *Reflektierender Faraday-Effekt-Stromsensor,* essentials,
DOI 10.1007/978-3-658-09445-4_1

Beschreibung der Erfindung

Diese Beschreibung charakterisiert die Eigenschaften der Erfindung bezüglich des gelösten technischen Problems und den Fortschritt gegenüber dem Stand der Technik.

2.1 Durch die Erfindung gelöstes technische Problem

Die Messung elektrischer Ströme auf beliebigem Potenzial ohne Einfügen des Messsystems in den elektrischen Stromkreis stellt ein grundsätzliches Problem der Messtechnik dar. Dieses Problem wurde durch die vorgelegte Erfindung bei Kompensation aller nachteiligen Effekte wie z. B. der Doppelbrechung in Lichtwellenleitern oder Temperaturschwankungen gelöst.

2.2 Bisherige Lösungen und Stand der Technik

Das Problem wurde bisher nur durch eine aufwendige Signalverarbeitung im Messsystem und dann nur näherungsweise gelöst.

© Springer Fachmedien Wiesbaden 2015
R. Thiele, *Reflektierender Faraday-Effekt-Stromsensor,* essentials,
DOI 10.1007/978-3-658-09445-4_2

2.3 Nachteile der bekannten Lösungen

Durch die Nachteile, dass die schwankende Doppelbrechung selbst in der Näherung im Messwert enthalten ist oder der Zusammenhang zwischen Messwert und Messgröße nichtlinear ist, lassen sich die bekannten fremden Lösungen charakterisieren.

2.4 Aufgabe der Erfindung

Der Erfindung liegt die Aufgabe zugrunde, alle nachteiligen Effekte bei der potenzialgetrennten Messung elektrischer Ströme ohne Eingriff in den elektrischen Stromkreis der Messgröße zu eliminieren.

2.5 Lösung der Aufgabe durch die Erfindung

Diese Aufgabe wurde erfindungsgemäß dadurch gelöst, dass ein völlig neuer Ansatz mit den Eigenschaften

- parallele Anregung des Messsystems durch eine handelsübliche Laserdiode mit optional konstanter Strahlungsleistung,
- Schutz der Laserdiode vor reflektiertem Licht durch Einschaltung eines handelsüblichen optischen Isolators,
- Verwendung von zwei handelsüblichen linearen Polarisatoren zur Herstellung und Auswertung linearer Polarisationen als Voraussetzung für die Anwendung des Faraday-Effektes zur Polarisationsebenen-Drehung des Lichtes in einer ersten und einer zweiten Spule, jeweils aus handelsüblichen Lichtwellenleitern (LWL) gefertigt,
- Verwendung von drei elektromagnetischen Spulen aus elektrischen Leitern, entsprechend Abb. 2.1, 2.2 und 2.3, die ineinander mit jeweils einer LWL-Spule gewickelt sind, zur Erzeugung der Übersetzungsverhältnisse ü und -ü zwischen den Messwerten i_0 und i_1 sowie jeweils der Messgröße i als elektrischen Strom und damit Realisierung eines mehrfachen optischen Transformatorprinzips,
- automatische Kompensation der Doppelbrechungen Δn und Δn_0 durch Beschaltung der Enden der zwei LWL-Spulen mit jeweils handelsüblichen $-90°$-Faraday-Rotator-Mirrors unter Ausnutzung der Eigenschaften der zugehörigen neuen Sensor-Differenzialgleichung (DGL),

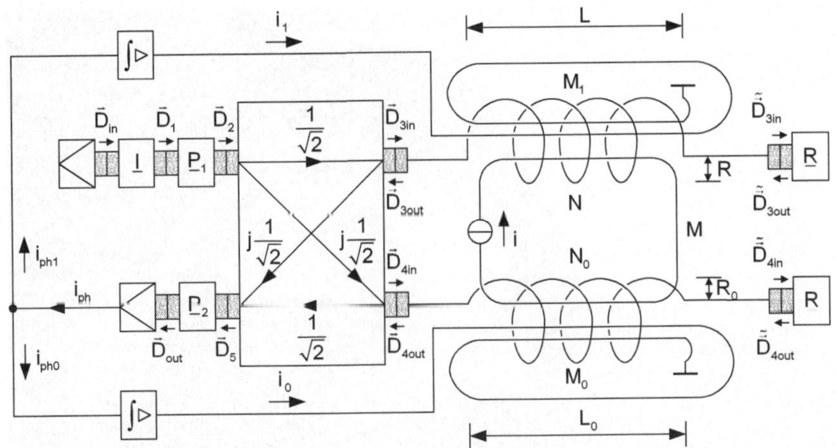

Abb. 2.1 Reflektierender Faraday-Effekt-Stromsensor

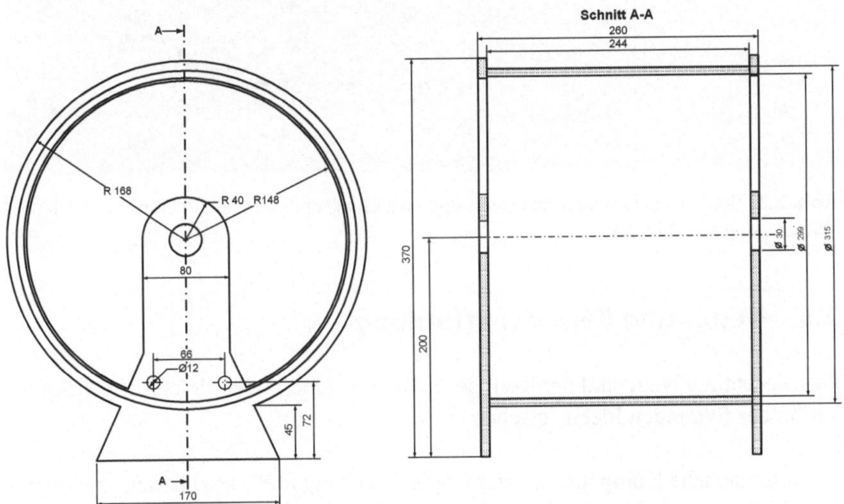

Abb. 2.2 Konstruktiver Aufbau eines Spulenkörpers

- Verwendung einfacher stabiler Regelkreise mit integrierenden Stromverstärkern zur Elimination der bleibenden Regelabweichung,
- einfacher linearer Zusammenhang zwischen Messgröße und Messwerten, vermittelt durch die Proportionalitätsfaktoren „Windungszahlverhältnisse" der elektromagnetischen Spulen zuzüglich konstanter Anteile zur Arbeitspunkteinstellung.

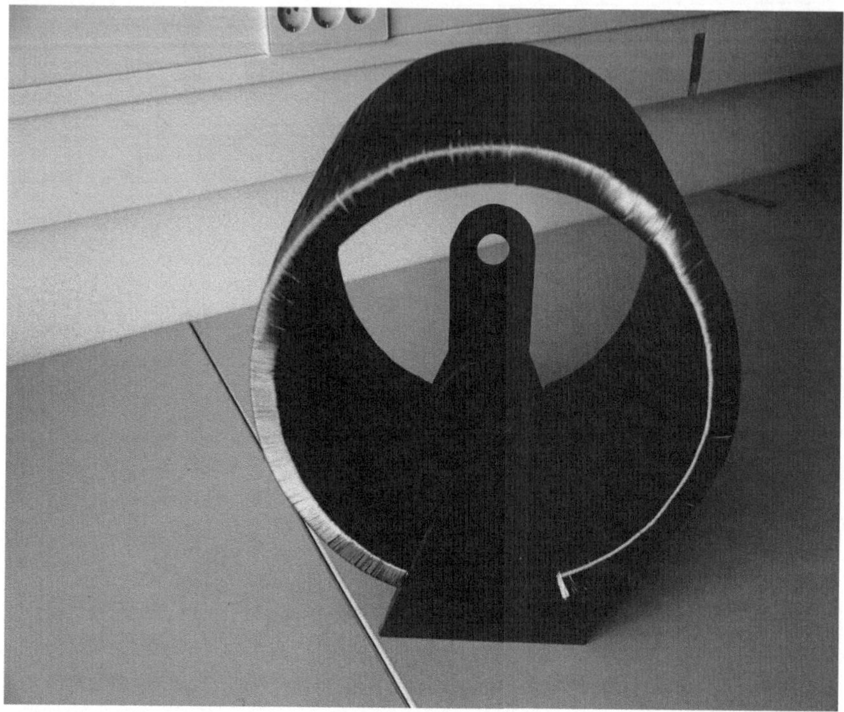

Abb. 2.3 Spule mit sichtbarer äußerer Kupferwicklung und nicht sichtbarer interner LWL-Wicklung. (Foto Winkler)

2.6　Neues und Kern der Erfindung

Das wesentlich Neue und der Kern der Erfindung sind in der gleichzeitigen Applikation der folgenden Ideen zu sehen:

1. Automatische Kompensation der Doppelbrechung unter Ausnutzung der Eigenschaften der abgeleiteten Sensor-Differenzialgleichung und der $-90°$-Faraday-Rotator-Mirrors am Ende der ersten und zweiten LWL-Spule,
2. Verwendung von Regelkreisen mit optischer Rückkopplung zur Herstellung des linearen Zusammenhanges zwischen den Messwerten i_0 bzw. i_1 und jeweils der Messgröße i ohne störende Doppelbrechung im LWL,
3. Ermittlung der exakten Messwerte i_0 und i_1 als Lösungen einer neuen, den Sensor beschreibenden nichtlinearen Differenzialgleichung (DGL),
4. Verwendung des Integratorprinzips in den Schleifen der Regelkreise zur Elimination der bleibenden Regelabweichungen.

2.7   Wesentliche und zusätzliche Vorteile der Erfindung

Als wesentliche bzw. zusätzliche Vorteile der vorgelegten Erfindung sind zu nennen:

- Das Messsystem zeichnet sich durch einen einfachen Aufbau aus.
- Der faseroptische Stromsensor ist auch zur potenzialgetrennten Messung elektrischer Ströme einsetzbar.
- Die Erfindung eignet sich sowohl für die Messung kleiner Ströme im mA-Bereich als auch zur Bestimmung großer Ströme im kA-Bereich, jeweils in Abhängigkeit von der Dimensionierung des Sensors.
- Der Sensor ist in einem großen Frequenzbereich einsetzbar, abhängig von seiner Dimensionierung.
- Die Herstellung des erfindungsgemäßen Stromsensors lässt sich mit verfügbaren Bauelementen und Technologien leicht realisieren.

2.8   Erläuterung der Erfindung

2.8.1   Analyse des Faraday-Effekt-Stromsensors

Ausgehend von Abb. 2.1 wird der optische Teil des Stromsensors durch die elektrische Verschiebungsflussdichte $\vec{D}$ (die Indizes von $\vec{D}$ entsprechend den zugehörigen Orten im Messsystem) für Licht als elektromagnetische Welle dargestellt.

Vorzugsweise, aber nicht zwingend, liegt als Ausgangssignal der Laserdiode der linear polarisierte Jones-Vektor

$$\vec{D}_{in} = \begin{pmatrix} 1 \\ 0 \end{pmatrix} \tag{2.1}$$

in normierter Form vor.

Nach der Laserdiode ist ein optischer Isolator mit der Jones-Matrix $\underline{I}$ geschaltet, der die Laserdiode vor reflektiertem Licht schützt. Es gilt:

$$\underline{\vec{D}}_1 = \underline{I}\,\vec{D}_{in} = \frac{1}{\sqrt{2}} \begin{pmatrix} 1 & 0 \\ 1 & 0 \end{pmatrix} \begin{pmatrix} 1 \\ 0 \end{pmatrix} = \frac{1}{\sqrt{2}} \begin{pmatrix} 1 \\ 1 \end{pmatrix} \tag{2.2}$$

Am Eingang des linearen horizontalen Polarisators mit der Jones-Matrix $\underline{P}_1$ erhalten wir nach (2.2) ein 45°-linear polarisiertes Eingangslicht.

Am Ausgang des Polarisators 1 ergibt sich

$$\underline{\underline{\vec{D}_2}} = \underline{P}_1\,\vec{D}_1 = \begin{pmatrix} 1 & 0 \\ 0 & 0 \end{pmatrix} \frac{1}{\sqrt{2}} \begin{pmatrix} 1 \\ 1 \end{pmatrix} = \frac{1}{\sqrt{2}} \underline{\underline{\begin{pmatrix} 1 \\ 0 \end{pmatrix}}}, \tag{2.3}$$

also horizontal polarisiertes Licht.

Das Signal $\vec{D}_2$ wird in einen optischen 3 dB-Richtkoppler mit den Transmissionen $\dfrac{1}{\sqrt{2}}$ bzw. $\mathrm{j}\dfrac{1}{\sqrt{2}}$ $(\mathrm{j}=\sqrt{-1})$ eingespeist.

Damit erhalten wir am oberen Ausgang/Eingang 3 des Kopplers:

$$\underline{\underline{\vec{D}_{3\mathrm{in}}}} = \frac{1}{\sqrt{2}}\,\vec{D}_2 = \frac{1}{2} \underline{\underline{\begin{pmatrix} 1 \\ 0 \end{pmatrix}}} \tag{2.4}$$

Für die LWL-Spule mit der Windungszahl N und der Länge L gilt mit dem Doppelbrechungsparameter δ und dem Faraday-Winkel α die Beschreibung:

$$\vec{D}_{3\mathrm{out}} = \underline{J}\,(\delta,\alpha)\,\vec{D}_{3\mathrm{in}} \tag{2.5}$$

$\underline{J}\,(\delta,\alpha)$ ist die Jones-Matrix der ersten LWL-Spule für die Vorwärts- und Rückwärtsrichtung, einschließlich der $-90°$-Faraday-Drehung des am Ende der ersten LWL-Spule vorhandenen $-90°$-Faraday-Rotator-Mirrors mit der Jones-Matrix bzw. Streumatrix $\underline{R}$ entsprechend Abb. 2.4.

Es gilt:

$$\tilde{\tilde{\vec{D}}}_{\mathrm{out}} = \underline{R}\,\tilde{\tilde{\vec{D}}}_{\mathrm{in}} \quad \mathrm{mit} \quad \underline{R} = \begin{pmatrix} 0 & 1 \\ -1 & 0 \end{pmatrix} \tag{2.6}$$

Für $\underline{J}\,(\delta,\alpha)$ gilt entsprechend der weiterführenden Literatur:

$$\underline{J}\,(\delta,\alpha) = \begin{pmatrix} \cos(d/2) + \mathrm{j}\frac{\delta}{2}\frac{\sin(d/2)}{d/2} & -\alpha\frac{\sin(d/2)}{d/2} \\ \alpha\frac{\sin(d/2)}{d/2} & \cos(d/2) - \mathrm{j}\frac{\delta}{2}\frac{\sin(d/2)}{d/2} \end{pmatrix} \tag{2.7}$$

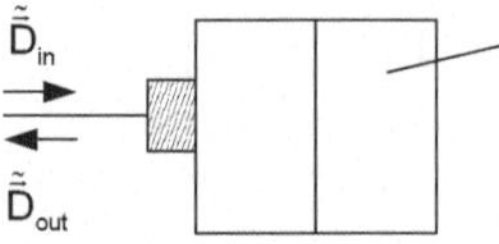

Spiegelebene orthogonal zu den Ausbreitungsrichtungen von einlaufender Welle $\tilde{\tilde{D}}_{\mathrm{in}}$ und auslaufender Welle $\tilde{\tilde{D}}_{\mathrm{out}}$ am Spiegel

Abb. 2.4 Faraday-Rotator-Mirror

Dabei ist d die Abkürzung für

$$d = \sqrt{\delta^2 + 4\,\alpha^2} \tag{2.8}$$

mit

$$\delta = \frac{2\pi}{\lambda}\,\Delta n \int_0^{2L} d\ell \tag{2.9}$$

$$\delta = \frac{4\,\pi}{\lambda}\,\Delta nL \tag{2.10}$$

und

$$\alpha = V \oint \vec{H}\cdot d\vec{\ell} - \frac{\pi}{2} \tag{2.11}$$

$$\alpha = V\left[\int_0^{2\pi NR} \frac{Mi + M_1\,i_1}{2\pi R}\,d\ell - \int_{2\pi NR}^{0} \frac{Mi + M_1\,i_1}{2\pi R}\,d\ell\right] - \frac{\pi}{2} \tag{2.12}$$

$$\alpha = 2\,VN\,(Mi + M_1\,i_1) - \frac{\pi}{2} = \tilde{\alpha} - \frac{\pi}{2} \tag{2.13}$$

Dabei bedeuten:

λ Wellenlänge des Lichtes
Δn Doppelbrechung der 1. LWL-Spule
V Verdet-Konstante der 1. LWL-Spule
R Radius der 1. LWL-Spule
L Länge der 1. LWL-Spule
N Windungszahl der 1. LWL-Spule
M Windungszahl der 1. elektromagnetischen Spule
M_1 Windungszahl der 2. elektromagnetischen Spule
i elektrischer Strom (Messgröße)
i_1 elektrischer Strom (1. Messwert)
$\vec{H}$ magnetische Feldstärke, herrührend von i und i_1, vor der Kompensation

Somit erhalten wir für die erste LWL-Spule eine von δ und α abhängige Jones-Matrix $\underline{J}\,(\delta, \alpha)$ gemäß (2.7) und damit

$$\vec{D}_{3out} = \underline{J}\,(\delta, \alpha)\,\vec{D}_{3in} \tag{2.14}$$

$$\vec{D}_{3out} = \begin{pmatrix} \cos(d/2) + j\,\frac{\delta}{2}\,\frac{\sin(d/2)}{d/2} & -\alpha\,\frac{\sin(d/2)}{d/2} \\ \alpha\,\frac{\sin(d/2)}{d/2} & \cos(d/2) - j\,\frac{\delta}{2}\,\frac{\sin(d/2)}{d/2} \end{pmatrix} \frac{1}{2}\begin{pmatrix} 1 \\ 0 \end{pmatrix} \tag{2.15}$$

$$\vec{D}_{3out} = \frac{1}{2}\begin{pmatrix} \cos(d/2) + j\,\frac{\delta}{2}\,\frac{\sin(d/2)}{d/2} \\ \alpha\,\frac{\sin(d/2)}{d/2} \end{pmatrix} \tag{2.16}$$

In ähnlicher Weise ergibt sich am Eingang/Ausgang 4 des 3dB-Richtkopplers:

$$\vec{D}_{4in} = j\,\frac{1}{\sqrt{2}}\,\vec{D}_2 \tag{2.17}$$

$$\vec{D}_{4in} = j\,\frac{1}{2}\begin{pmatrix} 1 \\ 0 \end{pmatrix} \tag{2.18}$$

$$\vec{D}_{4out} = \underline{J}\,(\delta_o, \alpha_o)\, D_{4in} \tag{2.19}$$

$$\underline{J}\,(\delta_o, \alpha_o) = \begin{pmatrix} \cos(d_o/2) + j\,\frac{\delta_o}{2}\,\frac{\sin(d_o/2)}{d_o/2} & -\alpha_o\,\frac{\sin(d_o/2)}{d_o/2} \\ \alpha_o\,\frac{\sin(d_o/2)}{d_o/2} & \cos(d_o/2) - j\,\frac{\delta_o}{2}\,\frac{\sin(d_o/2)}{d_o/2} \end{pmatrix} \tag{2.20}$$

$$d_o = \sqrt{\delta_o^2 + 4\,\alpha_o^2} \tag{2.21}$$

$$\delta_o = \frac{2\pi}{\lambda}\,\Delta\,n_o \int\limits_o^{2L_o} d\ell \tag{2.22}$$

$$\delta_o = \frac{4\,\pi}{\lambda}\,\Delta\,n_o\,L_o \tag{2.23}$$

$$\alpha_o = V_o \oint \vec{H}_o\,d\vec{\ell} - \frac{\pi}{2} \tag{2.24}$$

$$\alpha_o = V_o \left[\int\limits_o^{2\pi N_o R_o} \frac{M_o i_o - Mi}{2\pi\,R_o}\,d\ell - \int\limits_{2\pi N_o R_o}^{o} \frac{M_o i_o - Mi}{2\pi\,R_o}\,d\ell \right] - \frac{\pi}{2} \tag{2.25}$$

$$\alpha_o = 2\,V_o\,N_o(M_o\,i_o - Mi) - \frac{\pi}{2} = \tilde{\alpha}_o - \frac{\pi}{2} \tag{2.26}$$

Dabei bedeuten:

λ Wellenlänge des Lichtes

Δn_o Doppelbrechung der 2. LWL-Spule

V_o Verdet-Konstante der 2. LWL-Spule

R_o Radius der 2. LWL-Spule

L_o Länge der 2. LWL-Spule

N_o Windungszahl der 2. LWL-Spule

M Windungszahl der 1. elektromagnetischen Spule

M_o Windungszahl der 3. elektromagnetischen Spule

i elektrischer Strom (Messgröße)

i_o elektrischer Strom (2. Messwert)

$\vec{H}_o$ magnetische Feldstärke, herrührend von i und i_o, vor der Kompensation

$$\vec{D}_{4out} = \underline{J}\,(\delta_o, \alpha_o)\,\vec{D}_{4in} \tag{2.27}$$

$$\vec{D}_{4out} = \begin{pmatrix} \cos(d_o/2) + j\,\frac{\delta_o}{2}\,\frac{\sin(d_o/2)}{d_o/2} & -\alpha_o\,\frac{\sin(d_o/2)}{d_o/2} \\ \alpha_o\,\frac{\sin(d_o/2)}{d_o/2} & \cos(d_o/2) - j\,\frac{\delta_o}{2}\,\frac{\sin(d_o/2)}{d_o/2} \end{pmatrix} j\frac{1}{2}\begin{pmatrix} 1 \\ 0 \end{pmatrix} \tag{2.28}$$

$$\vec{D}_{4out} = j\,\frac{1}{2}\begin{pmatrix} \cos(d_o/2) + j\,\frac{\delta_o}{2}\,\frac{\sin(d_o/2)}{d_o/2} \\ \alpha_o\,\frac{\sin(d_o/2)}{d_o/2} \end{pmatrix} \tag{2.29}$$

Am Ausgang 5 des 3dB-Richtkopplers folgt:

$$\vec{D}_5 = \frac{1}{\sqrt{2}}\,\vec{D}_{4out} + j\,\frac{1}{\sqrt{2}}\,D_{3out} \tag{2.30}$$

$$\vec{D}_5 = j\,\frac{1}{\sqrt{8}}\begin{pmatrix} \cos(d/2) + \cos(d_o/2) + j\left[\frac{\delta}{2}\,\frac{\sin(d/2)}{d/2}\right] + \frac{\delta_o}{2}\,\frac{\sin(d_o/2)}{d_o/2} \\ \alpha\,\frac{\sin(d/2)}{d/2} + \alpha_o\,\frac{\sin(d_o/2)}{d_o/2} \end{pmatrix} \tag{2.31}$$

Nach dem zweiten Polarisator mit der Jones-Matrix $\underline{P}_2$ erhalten wir schließlich

$$\vec{D}_{out} = \underline{P}_2\,\vec{D}_5 \tag{2.32}$$

$$\vec{D}_{out} = \begin{pmatrix} 0 & 0 \\ 0 & 1 \end{pmatrix} \vec{D}_5 \tag{2.33}$$

$$\vec{D}_{out} = j\,\frac{1}{\sqrt{8}} \begin{pmatrix} 0 & 0 \\ 0 & 1 \end{pmatrix} \left(\begin{array}{l} \cos(d/2) + \cos(d_o/2) + j\left[\frac{\delta}{2}\frac{\sin(d/2)}{d/2} + \frac{\delta_o}{2}\frac{\sin(d_o/2)}{d_o/2}\right] \\[2mm] \alpha\,\dfrac{\sin(d/2)}{d/2} + \alpha_o\,\dfrac{\sin(d_o/2)}{d_o/2} \end{array} \right) \tag{2.34}$$

$$\vec{D}_{out} = j\,\frac{1}{\sqrt{8}} \left(\alpha\,\frac{\sin(d/2)}{d/2} + \alpha_o\,\frac{\sin(d_o/2)}{d_o/2} \right) \tag{2.35}$$

Für die optischen Leistungen gelten die Proportionalitäten

$$P_{out} \sim \vec{D}_{out}^{'*}\,\vec{D}_{out}; \quad P_{in} \sim \vec{D}_{in}^{'*}\,\vec{D}_{in} = 1 \tag{2.36}$$

Somit wird:

$$P_{out} = \frac{P_{in}}{8} \left[\alpha\,\frac{\sin(d/2)}{d/2} + \alpha_o\,\frac{\sin(d_o/2)}{d_o/2} \right]^2 \tag{2.37}$$

Mit der Photoempfindlichkeit S_E der ergibt sich für den Photostrom

$$i_{ph} = \frac{S_E\,P_{in}}{8} \left[\alpha\,\frac{\sin(d/2)}{d/2} + \alpha_o\,\frac{\sin(d_o/2)}{d_o/2} \right]^2 \tag{2.38}$$

2.8.2 Sensor-Differenzialgleichung

Nach Abb. 2.1 ergibt sich für den elektrischen Teil des Stromsensors zunächst:

$$i_{ph} = i_{pho} + i_{ph1} \tag{2.39}$$

$$i_o = \frac{v_{io}}{T_o} \int_o^t i_{pho}\,d\tau + I_{oA} \tag{2.40}$$

$$i_1 = \frac{v_{i1}}{T_1} \int_o^t i_{ph1}\,d\tau + I_{1A} \tag{2.41}$$

Dabei bedeuten

v_{io}, v_{i1}, v_i Stromverstärkungen
T_o, T_1, T Zeitkonstanten
I_{oA}, I_{1A} Ströme im Arbeitspunkt

Mit der Dimensionierungsvorschrift

$$\frac{v_{io}}{T_o} = \frac{v_{i1}}{T_1} = \frac{v_i}{T}; \quad v_{io}, v_{i1}, v_i > 0 \tag{2.42}$$

erhalten wir

$$i_o + i_1 = \frac{v_{io}}{T_o} \int_0^t i_{pho}\, d\tau + I_{oA} + \frac{v_{i1}}{T_1} \int_0^t i_{ph1}\, d\tau + I_{1A} \tag{2.43}$$

$$i_o + i_1 = \frac{v_i}{T} \int_0^t i_{ph}\, d\tau + I_{oA} + I_{1A} \tag{2.44}$$

oder

$$\frac{d}{dt}(i_o + i_1) = \frac{v_i}{T} i_{ph} \tag{2.45}$$

$$\frac{d}{dt}(i_o + i_1) = \underbrace{\frac{v_i S_E P_{in}}{8T}}_{=K} \left[\alpha \frac{\sin(d/2)}{d/2} + \alpha_o \frac{\sin(d_o/2)}{d_o/2} \right]^2 \tag{2.46}$$

und damit die Sensor-DGL:

$$\frac{d}{dt}(i_o + i_1) = K \left[\left[2VN(M_1 i_1 + M\, i) - \frac{\pi}{2} \right] \frac{\sin\left[\frac{1}{2}\sqrt{\left(4\pi\Delta n \frac{L}{\lambda}\right)^2 + 4\left[2VN(M_1 i_1 + M\, i) - \frac{\pi}{2}\right]^2} \right]}{\frac{1}{2}\sqrt{\left(4\pi\Delta n \frac{L}{\lambda}\right)^2 + 4\left[2VN(M_1 i_1 + M\, i) - \frac{\pi}{2}\right]^2}} \right.$$

$$\left. + \left[2V_o N_o (M_o i_o - M\, i) - \frac{\pi}{2} \right] \frac{\sin\frac{1}{2}\sqrt{\left(4\pi\Delta n_o \frac{L_o}{\lambda}\right)^2 + 4\left[2V_o N_o(M_o i_o - M\, i) - \frac{\pi}{2}\right]^2}}{\frac{1}{2}\sqrt{\left(4\pi\Delta n_o \frac{L_o}{\lambda}\right)^2 + 4\left[2V_o N_o(M_o i_o - M\, i) - \frac{\pi}{2}\right]^2}} \right] \tag{2.47}$$

2.8.3   Lösungen der Sensor-Differenzialgleichung

Die Lösungen der Sensor-DGL (2.47) lauten:

$$2V_o N_o (M_o i_o - Mi) - \frac{\pi}{2} = 0 \tag{2.48}$$

$$2V N(M_1 i_1 + Mi) - \frac{\pi}{2} = 0 \tag{2.49}$$

bzw. mit der Dimensionierungsvorschrift für das Übersetzungsverhältnis ü:

$$\ddot{u} = \frac{M}{M_o} = \frac{M}{M_1} \quad \rightarrow \quad M_o = M_1 \tag{2.50}$$

$$\rightarrow i_o = \ddot{u}\, i + \frac{\pi}{4V_o N_o M_o} \tag{2.51}$$

$$\rightarrow i_1 = -\ddot{u}\, i + \frac{\pi}{4VNM_1} \tag{2.52}$$

Damit erhalten wir für die Messwerte i_o und i_1 eine streng lineare Beziehung zum Messwert i, unabhängig von den Doppelbrechungsparametern δ_o und δ.
   Weiterhin gilt

$$\frac{d}{dt}(i_o + i_1) = \frac{d}{dt}\underbrace{\left(\frac{\pi}{4VNM_o} + \frac{\pi}{4V_o N_o M_o} \right)}_{=\text{const.}} = 0 \tag{2.53}$$

Damit ist der Beweis für die Richtigkeit der Lösungen (2.51) und (2.52) der Sensor-DGL (2.47) erbracht.

2.8.4   Arbeitspunkt-Einstellung

Die Lösungen (2.51) und (2.52) der Sensor-DGL lassen sich in folgender Form darstellen:

$$i_o = i_{o\sim} + I_{oA} = \ddot{u}\, i + \frac{\pi}{4V_o N_o M_o} \tag{2.54}$$

$$i_1 = i_{1\sim} + I_{1A} = -\ddot{u}\,i + \frac{\pi}{4VNM_o} \tag{2.55}$$

Dabei gilt für die Signalanteile

$$i_{o\sim} = \ddot{u}\,i \tag{2.56}$$

$$i_{1\sim} = -\ddot{u}\,i \tag{2.57}$$

und für die Ströme im Arbeitspunkt

$$I_{oA} = \frac{\pi}{4V_oN_oM_o} \tag{2.58}$$

$$I_{1A} = \frac{\pi}{4VNM_o} \tag{2.59}$$

Man erkennt, dass (2.58) und (2.59) einfache Gleichungen zur Ermittlung der Verdet-Konstanten V_o und V liefern. Dazu müssen bei vorliegendem praktischen Aufbau des Sensors nur die Ströme I_{oA} und I_{1A} nach dem Abgleich mit einem gewöhnlichen Strommesser bestimmt werden. Bei bekannten Windungszahlen $N_o, N, M_o = M_1$ braucht man dann (2.58) und (2.59) nur nach V_o bzw. V umzustellen und erhält so das gewünschte Ergebnis.

Eine vereinfachte Arbeitspunkteinstellung ergibt sich mit

$$V = V_o, \quad N = N_o, \quad M_1 = M_o \tag{2.60}$$

in der Form

$$I_{oA} = I_{1A} = \frac{\pi}{4VNM_o} \tag{2.61}$$

Für den Photostrom im Arbeitspunkt folgt aus (2.38) mit (2.51), (2.52):

$$I_{phA} = 0 \tag{2.62}$$

2.8.5   Aussteuerung

Die Vorgaben für die Aussteuergrenzen lauten:

$$i_{0\min} = 0; \quad i_{0\max} = 2\,I_{0A} \tag{2.63}$$

$$i_{1\min} = 0; \quad i_{1\max} = 2\,I_{1A} \tag{2.64}$$

Daraus folgen die Aussteuergrenzen für die Signalanteile:

$$i_{0\min} = 0 = i_{0\sim\min} + I_{0A} \rightarrow \underline{\underline{i_{0\sim\min} = -I_{0A}}} \tag{2.65}$$

$$i_{0\max} = 2\,I_{0A} = i_{0\sim\max} + I_{0A} \rightarrow \underline{\underline{i_{0\sim\max} = I_{0A}}} \tag{2.66}$$

$$i_{1\min} = 0 = i_{1\sim\min} + I_{1A} \rightarrow \underline{\underline{i_{1\sim\min} = -I_{1A}}} \tag{2.67}$$

$$i_{1\max} = 2\,I_{1A} = i_{1\sim\max} + I_{1A} \rightarrow \underline{\underline{i_{1\sim\max} = I_{1A}}} \tag{2.68}$$

Aus (2.56) und (2.57) ergibt sich

$$-\frac{I_{0A}}{\ddot{u}} \le i \le \frac{I_{0A}}{\ddot{u}} \tag{2.69}$$

und

$$-\frac{I_{1A}}{\ddot{u}} \le i \le \frac{I_{1A}}{\ddot{u}} \tag{2.70}$$

Damit erhält man die Aussteuergrenzen für die Messgröße i:

$$i_{\min} = \max\left\{-\frac{I_{0A}}{\ddot{u}}, \quad -\frac{I_{1A}}{\ddot{u}}\right\} \tag{2.71}$$

$$i_{\max} = \min\left\{-\frac{I_{0A}}{\ddot{u}}, \quad \frac{I_{1A}}{\ddot{u}}\right\} \tag{2.72}$$

2.8.6   Eigenschaften des Kopplers

In Abb. 2.5 ist der benötigte optische Koppler als 3dB-Richtkoppler mit 4 Toren dargestellt, dessen erforderliche Eigenschaften nun in Kurzform hergeleitet werden. Die Kriterien für die jeweiligen Eigenschaften sind überwiegend in /2/ enthalten. Dazu findet die Streumatrix $\underline{S}$, deren Elemente Jones-Matrizen sind, wesentliche Verwendung.

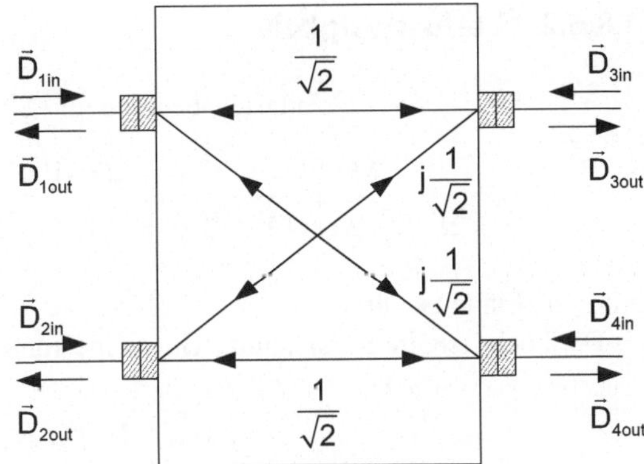

Abb. 2.5 Optischer Koppler mit eingetragenen Transmissionen

2.8.6.1   Streumatrix

$$
\begin{pmatrix} \vec{D}_{1out} \\ \vec{D}_{2out} \\ \vec{D}_{3out} \\ \vec{D}_{4out} \end{pmatrix} = \underbrace{\begin{pmatrix} \underline{0} & \underline{0} & \underline{J}_{13} & \underline{J}_{14} \\ \underline{0} & \underline{0} & \underline{J}_{23} & \underline{J}_{24} \\ \underline{J}'_{13} & \underline{J}'_{23} & \underline{0} & \underline{0} \\ \underline{J}'_{14} & \underline{J}'_{24} & \underline{0} & \underline{0} \end{pmatrix}}_{=\,\underline{S}} \begin{pmatrix} \vec{D}_{1in} \\ \vec{D}_{2in} \\ \vec{D}_{3in} \\ \vec{D}_{4in} \end{pmatrix}
\tag{2.73}
$$

Jones-Matrizen:

$$
\underline{J}_{13} = \frac{1}{\sqrt{2}}\begin{pmatrix} 1 & 0 \\ 0 & 1 \end{pmatrix} = \underline{J}'_{13}; \quad \underline{J}_{14} = j\frac{1}{\sqrt{2}}\begin{pmatrix} 1 & 0 \\ 0 & 1 \end{pmatrix} = \underline{J}'_{14}
$$

$$
\underline{J}_{23} = j\frac{1}{\sqrt{2}}\begin{pmatrix} 1 & 0 \\ 0 & 1 \end{pmatrix} = \underline{J}'_{23}; \quad \underline{J}_{24} = \frac{1}{\sqrt{2}}\begin{pmatrix} 1 & 0 \\ 0 & 1 \end{pmatrix} = \underline{J}'_{24}
\tag{2.74}
$$

Matrix $\underline{M}$:

$$
\underline{M} = \begin{pmatrix} \underline{J}_{13} & \underline{J}_{14} \\ \underline{J}_{23} & \underline{J}_{24} \end{pmatrix}, \quad \underline{S} = \begin{pmatrix} \underline{0} & \underline{M} \\ \underline{M}' & \underline{0} \end{pmatrix}
\tag{2.75}
$$

Der hochgestellte Strich kennzeichnet dabei die transponierte Matrix.

2.8.6.2   Verlustlosigkeit

$$\text{Unitaritätsbedingung:} \quad \underline{S}'^{*}\,\underline{S} = \underline{E} \tag{2.76}$$

$$\begin{pmatrix} \underline{0} & \underline{M}^{*} \\ \underline{M}'^{*} & \underline{0} \end{pmatrix} \begin{pmatrix} \underline{0} & \underline{M} \\ \underline{M}' & \underline{0} \end{pmatrix} = \begin{pmatrix} \underline{M}^{*}\underline{M}' & \underline{0} \\ \underline{0} & \underline{M}'^{*}\underline{M} \end{pmatrix} = \begin{pmatrix} \underline{E} & \underline{0} \\ \underline{0} & \underline{E} \end{pmatrix} \tag{2.77}$$

mit $\underline{E}$ als Einheitsmatrix

Der hochgestellte Stern kennzeichnet eine konjugierte komplexe Matrix.

$$\underline{M}^{*}\underline{M}' = \begin{pmatrix} \underline{J}^{*}{}_{13} & \underline{J}^{*}{}_{14} \\ \underline{J}^{*}{}_{23} & \underline{J}^{*}{}_{24} \end{pmatrix} \begin{pmatrix} \underline{J}'{}_{13} & \underline{J}'{}_{23} \\ \underline{J}'{}_{14} & \underline{J}'{}_{24} \end{pmatrix} \tag{2.78}$$

$$\underline{M}^{*}\underline{M}' = \begin{pmatrix} \underline{J}^{*}{}_{13}\,\underline{J}'{}_{13} + \underline{J}^{*}{}_{14}\,\underline{J}'{}_{14} & \underline{J}^{*}{}_{13}\,\underline{J}'{}_{23} + \underline{J}^{*}{}_{14}\,\underline{J}'{}_{24} \\ \underline{J}^{*}{}_{23}\,\underline{J}'{}_{13} + \underline{J}^{*}{}_{24}\,\underline{J}'{}_{14} & \underline{J}^{*}{}_{23}\,\underline{J}'{}_{23} + \underline{J}^{*}{}_{24}\,\underline{J}'{}_{24} \end{pmatrix} \tag{2.79}$$

$$\underline{M}^{*}\underline{M}' = \begin{pmatrix} \underline{E} & \underline{0} \\ \underline{0} & \underline{E} \end{pmatrix} \tag{2.80}$$

$$\underline{J}^{*}{}_{13}\,\underline{J}'{}_{13} + \underline{J}^{*}{}_{14}\,\underline{J}'{}_{14} \tag{2.81}$$

$$= \frac{1}{2}\begin{pmatrix} 1 & 0 \\ 0 & 1 \end{pmatrix} + \frac{1}{2}\begin{pmatrix} 1 & 0 \\ 0 & 1 \end{pmatrix} = \begin{pmatrix} 1 & 0 \\ 0 & 1 \end{pmatrix} \quad \text{(wahr)}$$

$$\underline{J}^{*}{}_{13}\,\underline{J}'{}_{23} + \underline{J}^{*}{}_{14}\,\underline{J}'{}_{24} \tag{2.82}$$

$$= \mathrm{j}\,\frac{1}{2}\begin{pmatrix} 1 & 0 \\ 0 & 1 \end{pmatrix} - \mathrm{j}\,\frac{1}{2}\begin{pmatrix} 1 & 0 \\ 0 & 1 \end{pmatrix} = \begin{pmatrix} 0 & 0 \\ 0 & 0 \end{pmatrix} \quad \text{(wahr)}$$

$$\underline{J}^{*}{}_{23}\,\underline{J}'{}_{13} + \underline{J}^{*}{}_{24}\,\underline{J}'{}_{14} \tag{2.83}$$

$$= -\mathrm{j}\,\frac{1}{2}\begin{pmatrix} 1 & 0 \\ 0 & 1 \end{pmatrix} + \mathrm{j}\,\frac{1}{2}\begin{pmatrix} 1 & 0 \\ 0 & 1 \end{pmatrix} = \begin{pmatrix} 0 & 0 \\ 0 & 0 \end{pmatrix} \quad \text{(wahr)}$$

$$\underline{J}^{*}{}_{23}\,\underline{J}'{}_{23} + \underline{J}^{*}{}_{24}\,\underline{J}'{}_{24} \tag{2.84}$$

$$= \frac{1}{2}\begin{pmatrix} 1 & 0 \\ 0 & 1 \end{pmatrix} + \frac{1}{2}\begin{pmatrix} 1 & 0 \\ 0 & 1 \end{pmatrix} = \begin{pmatrix} 1 & 0 \\ 0 & 1 \end{pmatrix} \qquad \text{(wahr)}$$

$$\underline{M}'^* \underline{M} = \begin{pmatrix} \underline{J}'^*_{13} & \underline{J}'^*_{23} \\ \underline{J}'^*_{14} & \underline{J}'^*_{24} \end{pmatrix} \begin{pmatrix} \underline{J}_{13} & \underline{J}_{14} \\ \underline{J}_{23} & \underline{J}_{24} \end{pmatrix} = \begin{pmatrix} \underline{E} & 0 \\ 0 & \underline{E} \end{pmatrix} \qquad (2.85)$$

$$\underline{M}'^* \underline{M} = \begin{pmatrix} \underline{J}'^*_{13}\,\underline{J}_{13} + \underline{J}'^*_{23}\,\underline{J}_{23} & \underline{J}'^*_{13}\,\underline{J}_{14} + \underline{J}'^*_{23}\,\underline{J}_{24} \\ \underline{J}'^*_{14}\,\underline{J}_{13} + \underline{J}'^*_{24}\,\underline{J}_{23} & \underline{J}'^*_{14}\,\underline{J}_{14} + \underline{J}'^*_{24}\,\underline{J}_{24} \end{pmatrix} \qquad (2.86)$$

$$\underline{J}'^*_{13}\,\underline{J}_{13} + \underline{J}'^*_{23}\,\underline{J}_{23} \qquad (2.87)$$

$$= \frac{1}{2}\begin{pmatrix} 1 & 0 \\ 0 & 1 \end{pmatrix} + \frac{1}{2}\begin{pmatrix} 1 & 0 \\ 0 & 1 \end{pmatrix} = \begin{pmatrix} 1 & 0 \\ 0 & 1 \end{pmatrix} \qquad \text{(wahr)}$$

$$\underline{J}'^*_{13}\,\underline{J}_{14} + \underline{J}'^*_{23}\,\underline{J}_{24} \qquad (2.88)$$

$$= j\,\frac{1}{2}\begin{pmatrix} 1 & 0 \\ 0 & 1 \end{pmatrix} - j\,\frac{1}{2}\begin{pmatrix} 1 & 0 \\ 0 & 1 \end{pmatrix} = \begin{pmatrix} 0 & 0 \\ 0 & 0 \end{pmatrix} \qquad \text{(wahr)}$$

$$(2.89)$$

$$\underline{J}'^*_{14}\,\underline{J}_{13} + \underline{J}'^*_{24}\,\underline{J}_{23}$$

$$= -j\,\frac{1}{2}\begin{pmatrix} 1 & 0 \\ 0 & 1 \end{pmatrix} + j\,\frac{1}{2}\begin{pmatrix} 1 & 0 \\ 0 & 1 \end{pmatrix} = \begin{pmatrix} 0 & 0 \\ 0 & 0 \end{pmatrix} \qquad \text{(wahr)}$$

$$\underline{J}'^*_{14}\,\underline{J}_{14} + \underline{J}'^*_{24}\,\underline{J}_{24} \qquad (2.90)$$

$$= \frac{1}{2}\begin{pmatrix} 1 & 0 \\ 0 & 1 \end{pmatrix} + \frac{1}{2}\begin{pmatrix} 1 & 0 \\ 0 & 1 \end{pmatrix} = \begin{pmatrix} 1 & 0 \\ 0 & 1 \end{pmatrix} \qquad \text{(wahr)}$$

$\rightarrow$ Der Koppler ist *verlustlos*!

2.8.6.3   Übertragungssymmetrie

$$\text{Symmetriebedingung:} \quad \underline{S}' = \underline{S} \qquad (2.91)$$

$$\begin{pmatrix} \underline{0} & \underline{0} & \underline{J}_{13} & \underline{J}_{14} \\ \underline{0} & \underline{0} & \underline{J}_{23} & \underline{J}_{24} \\ \underline{J}_{13} & \underline{J}_{23} & \underline{0} & \underline{0} \\ \underline{J}_{14} & \underline{J}_{24} & \underline{0} & \underline{0} \end{pmatrix} = \begin{pmatrix} \underline{0} & \underline{0} & \underline{J}_{13} & \underline{J}_{14} \\ \underline{0} & \underline{0} & \underline{J}_{23} & \underline{J}_{24} \\ \underline{J}_{13} & \underline{J}_{23} & \underline{0} & \underline{0} \\ \underline{J}_{14} & \underline{J}_{24} & \underline{0} & \underline{0} \end{pmatrix} \quad \text{(wahr)} \qquad (2.92)$$

Der Koppler ist *reziprok* (übertragungssymmetrisch)!

2.8.6.4 Reflexionsfreiheit

$$\text{Bedingung:} \quad \underline{J}_{\nu\nu} = \underline{0} \quad \text{für alle } \nu \qquad (2.93)$$

$$\underline{J}_{11} = \underline{J}_{22} = \underline{J}_{33} = \underline{J}_{44} = \begin{pmatrix} 0 & 0 \\ 0 & 0 \end{pmatrix} \quad \text{(wahr)} \qquad (2.94)$$

Der Koppler ist *reflexionsfrei*!

2.8.6.5 Torsymmetrie
Bedingung:

$$\begin{pmatrix} \underline{S}_{I\,I} & \underline{S}_{I\,II} \\ \underline{S}_{II\,I} & \underline{S}_{II\,II} \end{pmatrix} = \begin{pmatrix} \underline{S}_{II\,II} & \underline{S}_{II\,I} \\ \underline{S}_{I\,II} & \underline{S}_{I\,I} \end{pmatrix} \qquad (2.95)$$

$$\underline{S}_{I\,I} = \underline{S}_{II\,II} = \begin{pmatrix} \underline{0} & \underline{0} \\ \underline{0} & \underline{0} \end{pmatrix} \quad \text{(wahr)} \qquad (2.96)$$

$$\underline{S}_{I\,II} = \underline{S}_{II\,I} = \begin{pmatrix} \underline{J}_{13} & \underline{J}_{23} \\ \underline{J}_{14} & \underline{J}_{24} \end{pmatrix} = \begin{pmatrix} \underline{J}_{13} & \underline{J}_{14} \\ \underline{J}_{23} & \underline{J}_{24} \end{pmatrix} \qquad (2.97)$$

$$\rightarrow \quad \underline{J}_{14} = \underline{J}_{23} = j\,\frac{1}{\sqrt{2}} \begin{pmatrix} 1 & 0 \\ 0 & 1 \end{pmatrix} \quad \text{(wahr)} \qquad (2.98)$$

Der Koppler ist *torsymmetrisch*!

2.8.6.6 Richtkopplung
Die Übertragung erfolgt nicht zwischen den beiden Eingangstoren 1, 2 bzw. den beiden Ausgangstoren 3, 4!

Bedingung:

$$\underline{J}_{12} = \underline{J}_{21} = \underline{J}_{34} = \underline{J}_{43} = \begin{pmatrix} 0 & 0 \\ 0 & 0 \end{pmatrix} \quad \text{(wahr)} \qquad (2.99)$$

2.8.6.7   Polarisationserhaltung

Bedingung für die Polarisationsvariablen am Ein- und Ausgang /1/:

$$\chi_{out} = \chi_{in} \tag{2.100}$$

Testgleichung:

$$\chi_{out} = \frac{J_{21} + J_{22}\,\chi_{in}}{J_{11} + J_{12}\,\chi_{in}} \tag{2.101}$$

Übertragung: $1 \leftrightarrow 3$

$$\underline{J}_{13} = \begin{pmatrix} J_{11} & J_{12} \\ J_{21} & J_{22} \end{pmatrix} = \frac{1}{\sqrt{2}} \begin{pmatrix} 1 & 0 \\ 0 & 1 \end{pmatrix} \tag{2.102}$$

$$\chi_{out} = \frac{\frac{1}{\sqrt{2}}\,\chi_{in}}{\frac{1}{\sqrt{2}}} = \chi_{in} \qquad \text{(wahr)} \tag{2.103}$$

Übertragung: $1 \leftrightarrow 4$

$$\underline{J}_{14} = \begin{pmatrix} J_{11} & J_{12} \\ J_{21} & J_{22} \end{pmatrix} = j\,\frac{1}{\sqrt{2}} \begin{pmatrix} 1 & 0 \\ 0 & 1 \end{pmatrix} \tag{2.104}$$

$$\chi_{out} = \frac{j\,\frac{1}{\sqrt{2}}\,\chi_{in}}{j\,\frac{1}{\sqrt{2}}} = \chi_{in} \qquad \text{(wahr)} \tag{2.105}$$

Übertragung: $2 \leftrightarrow 3$

$$\underline{J}_{23} = \begin{pmatrix} J_{11} & J_{12} \\ J_{21} & J_{22} \end{pmatrix} = j\,\frac{1}{\sqrt{2}} \begin{pmatrix} 1 & 0 \\ 0 & 1 \end{pmatrix} \tag{2.106}$$

$$\chi_{out} = \frac{j\,\frac{1}{\sqrt{2}}\,\chi_{in}}{j\,\frac{1}{\sqrt{2}}} = \chi_{in} \qquad \text{(wahr)} \tag{2.107}$$

Übertragung: $2 \leftrightarrow 4$

$$\underline{J}_{24} = \begin{pmatrix} J_{11} & J_{12} \\ J_{21} & J_{22} \end{pmatrix} = \frac{1}{\sqrt{2}} \begin{pmatrix} 1 & 0 \\ 0 & 1 \end{pmatrix} \tag{2.108}$$

$$\chi_{out} = \frac{\frac{1}{\sqrt{2}}\,\chi_{in}}{\frac{1}{\sqrt{2}}} = \chi_{in} \qquad \text{(wahr)}$$

$$\tag{2.109}$$

Der Koppler ist *polarisationserhaltend*!

2.8.6.8 Zusammenfassung

Man benötigt einen 3dB-Richtkoppler mit 4 Toren und folgenden Eigenschaften:

1. verlustlos,
2. reziprok (übertragungssymmetrisch),
3. reflexionsfrei,
4. torsymmetrisch,
5. polarisationserhaltend!

2.8.7 Einsatz von Modenmischern

Zum Zusammenschalten der optischen Komponenten des faseroptischen Strom-sensors nach Abb. 2.1 benötigt man kurze Verbindungs-LWL, die i. A. auch dop-pelbrechend sind.

Erfindungsgemäß benutzen wir gleichartige LWL und eventuell Kupplungen zwischen den Komponenten des Stromsensors bzw. zwischen Verbindungs-LWL, die durch einen $\pm 90^\circ$-Versatz wie $\pm 90^\circ$-Faraday-Rotatoren wirken, eine Moden-mischung realisieren und dadurch die Doppelbrechung der zwei Verbindungs-LWL kompensieren.

Zur Erläuterung des erfindungsgemäßen Prinzips betrachten wir zwei Beispie-le. Ziel ist, als gesamte Jones-Matrix $\underline{J}$ für die Verbindungen die Einheitsmatrix $\underline{E}$ zu erzeugen und damit den Doppelbrechungsparameter δ zu eliminieren.

Beispiel 1: Zwei gleichartige Verbindungs-LWL

$$\underline{J} = \underbrace{\begin{pmatrix} 0 & 1 \\ -1 & 0 \end{pmatrix}}_{\substack{-90^\circ \text{ gedrehte} \\ \text{Kupplung}}} \underbrace{\begin{pmatrix} e^{j\frac{\delta}{2}} & 0 \\ 0 & e^{-j\frac{\delta}{2}} \end{pmatrix}}_{\substack{2.\ \text{Verbindungs--} \\ \text{LWL}}} \underbrace{\begin{pmatrix} 0 & -1 \\ 1 & 0 \end{pmatrix}}_{\substack{+90^\circ \text{ gedrehte} \\ \text{Kupplung}}} \underbrace{\begin{pmatrix} e^{j\frac{\delta}{2}} & 0 \\ 0 & e^{-j\frac{\delta}{2}} \end{pmatrix}}_{\substack{1.\ \text{Verbindungs--} \\ \text{LWL}}} \tag{2.110}$$

$$\underline{J} = \begin{pmatrix} 0 & e^{-j\frac{\delta}{2}} \\ -e^{j\frac{\delta}{2}} & 0 \end{pmatrix} \begin{pmatrix} 0 & -e^{-j\frac{\delta}{2}} \\ e^{j\frac{\delta}{2}} & 0 \end{pmatrix} \tag{2.111}$$

$$\underline{\underline{J}} = \begin{pmatrix} 1 & 0 \\ 0 & 1 \end{pmatrix} \tag{2.112}$$

Beispiel 2: Zwei unterschiedliche Verbindungs-LWL

$$\underline{J} = \underbrace{\begin{pmatrix} 1 & 0 \\ 0 & 1 \end{pmatrix}}_{\substack{\text{normale} \\ \text{Kupplung}}} \underbrace{\begin{pmatrix} e^{j\frac{\delta}{2}} & 0 \\ 0 & e^{-j\frac{\delta}{2}} \end{pmatrix}}_{\substack{\text{2. Verbindungs–} \\ \text{LWL}}} \underbrace{\begin{pmatrix} 1 & 0 \\ 0 & 1 \end{pmatrix}}_{\substack{\text{normale} \\ \text{Kupplung}}} \underbrace{\begin{pmatrix} e^{-j\frac{\delta}{2}} & 0 \\ 0 & e^{j\frac{\delta}{2}} \end{pmatrix}}_{\substack{\text{1. Verbindungs–} \\ \text{LWL}}} \tag{2.113}$$

$$\underline{\underline{J}} = \begin{pmatrix} e^{j\left(\frac{\delta}{2}-\frac{\delta}{2}\right)} & 0 \\ 0 & e^{-j\left(\frac{\delta}{2}-\frac{\delta}{2}\right)} \end{pmatrix} = \underline{\underline{\begin{pmatrix} 1 & 0 \\ 0 & 1 \end{pmatrix}}} \tag{2.114}$$

2.8.8 Längen der Sensor-Lichtwellenleiter

Ausgehend von der Sensor-DGL (2.47) ergeben sich die zunächst unerwünschten Lösungen

$$\frac{\sin\left[\frac{1}{2}\sqrt{\delta_o^2 + 4\left[2\,V_o N_o\left(M_o i_o - Mi\right) - \frac{\pi}{2}\right]^2}\right]}{\frac{1}{2}\sqrt{\delta_o^2 + 4\left[2\,V_o N_o\left(M_o i_o - Mi\right) - \frac{\pi}{2}\right]^2}} = 0 \tag{2.115}$$

$$\frac{\sin\left[\frac{1}{2}\sqrt{\delta^2 + 4\left[2\,VN(M_1 i_1 + Mi) - \frac{\pi}{2}\right]^2}\right]}{\frac{1}{2}\sqrt{\delta^2 + 4\left[2\,VN(M_1 i_1 + Mi) - \frac{\pi}{2}\right]^2}} = 0 \tag{2.116}$$

Daraus folgt:

$$\frac{1}{2}\sqrt{\delta_o^2 + 4\left[2\,V_o N_o\left(M_o i_o - Mi\right) - \frac{\pi}{2}\right]^2} = m_o\pi, \quad \begin{matrix} m_o \text{ ganz} \\ m_o \neq 0 \end{matrix} \tag{2.117}$$

$$\frac{1}{2}\sqrt{\delta^2 + 4\left[2\,VN(M_1 i_1 + Mi) - \frac{\pi}{2}\right]^2} = m\pi, \quad \begin{matrix} m \text{ ganz} \\ m \neq 0 \end{matrix} \tag{2.118}$$

Damit gilt:

$$4\left[\underbrace{2\,V_o N_o\left(M_o i_o - Mi\right) - \frac{\pi}{2}}_{=0}\right]^2 = m_o^2 4\pi^2 - \delta_o^2 \tag{2.119}$$

$$4\left[\underbrace{2\,VN\left(M_1 i_1 + Mi\right) - \frac{\pi}{2}}_{=\,0}\right]^2 = m^2 4\pi^2 - \delta^2 \tag{2.120}$$

Unter Berücksichtigung der erwünschten Lösungen der Sensor-DGL nach (2.48) und (2.49) ergeben sich die folgenden Bedingungen aus (2.119) und (2.120):

$$m_o^2 4\pi^2 - \delta_o^2 = 0 \tag{2.121}$$

$$m^2 4\pi^2 - \delta^2 = 0 \tag{2.122}$$

Mit Beachtung von (2.10) und (2.23) gilt

$$\delta_o = \pm\, m_o\, 2\pi = \frac{4\pi}{\lambda}\,\Delta n_o L_o \tag{2.123}$$

$$\delta = \pm\, m\, 2\pi = \frac{4\pi}{\lambda}\,\Delta n\, L, \tag{2.124}$$

und daraus folgen die Längen der Sensor-Lichtwellenleiter:

$$L_o = \frac{\pm m_o}{\Delta n_o}\,\frac{\lambda}{2} \quad m_o\ \text{ganz},\ m_o \neq 0 \tag{2.125}$$

$$L_o = \frac{\pm m}{\Delta n}\,\frac{\lambda}{2} \quad m\ \text{ganz},\ m \neq 0 \tag{2.126}$$

In (2.125), (2.126) gilt das positive Vorzeichen für positive m_o, m – Werte und das negative Vorzeichen für negative m_o, m – Werte, falls $\Delta n_o > 0$ und $\Delta n > 0$ sind.

Drift-Kompensation

3

In diesem Kapitel finden Sie die theoretischen Beweise für die driftkompensieren-
den Eigenschaften des vorgelegten reflektierenden Faraday-Effekt-Stromsensors.

3.1 Drift der Arbeitspunkte

Es wird zur Betrachtung der Drift der Arbeitspunkte angenommen, dass sich zunächst die Verdet-Werte V und V_o ändern.

Dann gilt mit (2.54) und (2.55):

$$i_o = i_{o\sim} + I_{oA} + \Delta I_{oA} \tag{3.1}$$

$$i_1 = i_{1\sim} + I_{1A} + \Delta I_{1A} \tag{3.2}$$

Für ΔI_{oA} und ΔI_{1A} kann man Taylor-Reihen in der folgenden Form herleiten:

$$\Delta I_{oA} = \sum_{n=1}^{\infty} \frac{1}{n!} \frac{\partial^n I_{oA}}{\partial V_o^n} \left(\Delta V_o\right)^n \tag{3.3}$$

$$\Delta I_{oA} = I_{oA} \sum_{n=1}^{\infty} \left(\frac{-\Delta V_o}{V_o}\right)^n \tag{3.4}$$

© Springer Fachmedien Wiesbaden 2015
R. Thiele, *Reflektierender Faraday-Effekt-Stromsensor*, essentials,
DOI 10.1007/978-3-658-09445-4_3

$$\Delta I_{1A} = \sum_{n=1}^{\infty} \frac{1}{n!} \left(\frac{\partial^n I_{oA}}{\partial V^n} \right) (\Delta V)^n \tag{3.5}$$

$$\Delta I_{1A} = I_{1A} \sum_{n=1}^{\infty} \left(-\frac{\Delta V}{V} \right)^n \tag{3.6}$$

Somit wird aus (3.1) und (3.2):

$$i_o = i_{o\sim} + I_{oA} \left[1 + \sum_{n=1}^{\infty} \left(-\frac{\Delta V_o}{V_o} \right)^n \right] \tag{3.7}$$

$$i_1 = i_{1\sim} + I_{1A} \left[1 + \sum_{n=1}^{\infty} \left(-\frac{\Delta V}{V} \right)^n \right] \tag{3.8}$$

Damit geht die Sensor-DGL (2.47) über in

$$\frac{d}{dt} \left[I_{oA} \sum_{n=1}^{\infty} \left(-\frac{\Delta V_o}{V_o} \right)^n + I_{1A} \sum_{n=1}^{\infty} \left(-\frac{\Delta V}{V} \right)^n \right] \tag{3.9}$$

$$= K \left[\frac{\pi}{2} \sum_{n=1}^{\infty} \left(-\frac{\Delta V}{V} \right)^n \frac{\sin\left[\frac{1}{2} \sqrt{\delta^2 + 4\left[\frac{\pi}{2} \sum_{n=1}^{\infty} \left(-\frac{\Delta V}{V} \right)^n \right]^2} \right]}{\frac{1}{2} \sqrt{\delta^2 + 4\left[\frac{\pi}{2} \sum_{n=1}^{\infty} \left(-\frac{\Delta V}{V} \right)^n \right]^2}} \right.$$

$$\left. + \frac{\pi}{2} \sum_{n=1}^{\infty} \left(-\frac{\Delta V_o}{V_o} \right)^n \frac{\sin\left[\frac{1}{2} \sqrt{\delta_o^2 + 4\left[\frac{\pi}{2} \sum_{n=1}^{\infty} \left(-\frac{\Delta V_o}{V_o} \right)^n \right]^2} \right]}{\frac{1}{2} \sqrt{\delta_o^2 + 4\left[\frac{\pi}{2} \sum_{n=1}^{\infty} \left(-\frac{\Delta V_o}{V_o} \right)^n \right]^2}} \right]^2$$

mit den Lösungen

$$\sum_{n=1}^{\infty} \left(-\frac{\Delta V_o}{V_o} \right)^n = 0 \tag{3.10}$$

$$\sum_{n=1}^{\infty}\left(-\frac{\Delta V}{V}\right)^{n} = 0, \qquad (3.11)$$

und daraus folgt mit (3.4) und (3.6):

$$\Delta I_{0A} = 0 \qquad (3.12)$$

$$\Delta I_{1A} = 0 \qquad (3.13)$$

Bedingt durch die Anwendung des Regelkreisprinzips, erfolgt also die Stabilisierung der Arbeitspunkte I_{0A} und I_{1A}.

Die Gln. (3.10) und (3.11) sagen aus, dass sich die vorzeichenbehafteten Potenzen der normierten Verdet-Driftquellen $\frac{\Delta V_0}{V_0}$ und $\frac{\Delta V}{V}$ in der Summe kompensieren und somit die Stabilisierung der Arbeitspunkte I_{0A} und I_{1A} erreicht wird. Dazu ist zu bemerken, dass in den Gln. (3.7) und (3.8) V_0 und V die konstanten Nominalwerte als Entwicklungspunkte der Taylorreihen darstellen. Somit sind in (3.7) und (3.8) auch I_{0A} und I_{1A} als konstant anzusehen.

3.2   Längen- und Doppelbrechungsdrift bei den Sensor-Lichtwellenleitern

Zur Untersuchung der Längen- und Doppelbrechungsdrift der Sensor-LWL setzen wir für die Doppelbrechungsparameter $\tilde{\delta}_0$ und $\tilde{\delta}$ wie folgt an:

$$\tilde{\delta}_o = \frac{4\pi}{\lambda}\Delta n_o L_o + \Delta\delta_o = \delta_o + \Delta\delta_o \qquad (3.14)$$

$$\tilde{\delta} = \frac{4\pi}{\lambda}\Delta nL + \Delta\delta = \delta + \Delta\delta \qquad (3.15)$$

Für $\Delta\delta_0$ und $\Delta\delta$ lassen sich folgende vereinfachte Taylor-Reihen herleiten:

$$\Delta\delta_o = \sum_{n=1}^{\infty}\frac{1}{n!}\frac{\partial^n\delta_o}{\partial(\Delta n_o L_o)^n}[\Delta(\Delta n_o L_o)]^n \qquad (3.16)$$

$$\Delta\delta_o = \frac{4\pi}{\lambda}\Delta(\Delta n_o L_o) \qquad (3.17)$$

$$\Delta\delta = \sum_{n=1}^{\infty}\frac{1}{n!}\frac{\partial^n\delta}{\partial(\Delta nL)^n}[\Delta(\Delta nL)]^n \qquad (3.18)$$

$$\Delta\delta = \frac{4\pi}{\lambda}\Delta(\Delta nL) \tag{3.19}$$

Somit gilt

$$\tilde{\delta}_o = \delta_o\left(1+\frac{\Delta\delta_o}{\delta_o}\right) = \delta_o\left(1+\frac{\Delta(\Delta n_o L_o)}{\Delta n_o L_o}\right) \tag{3.20}$$

$$\tilde{\delta} = \delta\left(1+\frac{\Delta\delta}{\delta}\right) = \delta\left(1+\frac{\Delta(\Delta nL)}{\Delta nL}\right) \tag{3.21}$$

Aus (2.119) und (2.120) folgt mit (3.20) und (3.21):

$$4\left[2\,V_o N_o\left(M_o i_o - M_i\right) - \frac{\pi}{2}\right]^2 = -\delta_o\Delta\delta_o\left(2+\frac{\Delta\delta_o}{\delta_o}\right) \tag{3.22}$$

$$4\left[2\,VN\left(M_1 i_1 + M_i\right) - \frac{\pi}{2}\right]^2 = -\delta\,\Delta\delta\left(2+\frac{\Delta\delta}{\delta}\right) \tag{3.23}$$

Die Lösungen der Sensor-DGL (2.47) müssen reell sein.

Das ist einerseits der Fall, wenn in (3.22) und (3.23) $\Delta\delta_o$ und $\Delta\delta$ verschwinden.

$$\Delta\delta_o = 0 \quad\rightarrow\quad \Delta(\Delta n_o L_o) = 0 \tag{3.24}$$

$$\Delta\delta = 0 \quad\rightarrow\quad \Delta(\Delta nL) = 0 \tag{3.25}$$

Nach (3.24) und (3.25) verschwindet dann die Längen- und Doppelbrechungsdrift der Sensor-LWL.

Andererseits ergibt sich aus (3.22) und (3.23):

$$\Delta\delta_o = -2\delta_o \quad\rightarrow\quad \Delta(\Delta n_o L_o) = -2\Delta n_o L_o \tag{3.26}$$

$$\Delta\delta = -2\delta \quad\rightarrow\quad \Delta(\Delta nL) = -2\Delta nL \tag{3.27}$$

Nach (3.26) und (3.27) liefern die normierten Längen- und Doppelbrechungsdrift-quellen $\dfrac{\Delta(\Delta n_o L_o)}{\Delta n_o L_o}$ und $\dfrac{\Delta(\Delta nL)}{\Delta nL}$ einen konstanten Offset, gemäß

$$\frac{\Delta(\Delta n_o L_o)}{\Delta n_o L_o} = \frac{\Delta(\Delta nL)}{\Delta nL} = -2 \tag{3.28}$$

Weiterhin gilt mit (3.20) und (3.21) im

$$\text{Fall (3.24, 3.25):} \quad \tilde{\delta}_o = \delta_o; \quad \tilde{\delta} = \delta \tag{3.29}$$

$$\text{Fall (3.26, 3.27):} \quad \tilde{\delta}_o = -\delta_o; \quad \tilde{\delta} = -\delta \tag{3.30}$$

$\tilde{\delta}_o$ und $\tilde{\delta}$ sind konstant, da in den zugehörigen Taylor-Reihen $\Delta n_o L_o$ und ΔnL die konstanten Entwicklungspunkte darstellen. Somit sind in (3.29) und (3.30) auch die Doppelbrechungsparameter δ_o und δ die konstanten Nominalwerte.

3.3 Wellenlängendrift der Laserdiode

Da die Wellenlänge λ der anregenden Laserdiode in die Doppelbrechungsparameter δ_o und δ eingeht, muss ihre Drift $\Delta\lambda$ untersucht werden.

Ausgehend von (3.14) und (3.15) lassen sich für $\Delta\delta_o$ und $\Delta\delta$ folgende Taylorreihen herleiten:

$$\Delta\delta_o = \sum_{n=1}^{\infty} \frac{1}{n!} \frac{\partial^n \delta_o}{\partial \lambda^n} (\Delta\lambda)^n \tag{3.31}$$

$$\Delta\delta_o = \delta_o \sum_{n=1}^{\infty} \left(-\frac{\Delta\lambda}{\lambda}\right)^n \tag{3.32}$$

$$\Delta\delta = \sum_{n=1}^{\infty} \frac{1}{n!} \frac{\partial^n \delta}{\partial \lambda^n} (\Delta\lambda)^n \tag{3.33}$$

$$\Delta\delta = \delta \sum_{n=1}^{\infty} \left(-\frac{\Delta\lambda}{\lambda}\right)^n \tag{3.34}$$

Somit lauten (3.14) und (3.15) nun

$$\tilde{\delta}_o = \delta_o \left[1 + \sum_{n=1}^{\infty} \left(-\frac{\Delta\lambda}{\lambda}\right)^n\right] \tag{3.35}$$

$$\tilde{\delta} = \delta \left[1 + \sum_{n=1}^{\infty} \left(-\frac{\Delta\lambda}{\lambda}\right)^n\right] \tag{3.36}$$

Aus (3.22) und (3.23) folgt mit (3.33) und (3.34) für reelle Lösungen der Sensor-DGL (2.47):

Fall 1:

$$\left.\begin{array}{c} \Delta\delta_0 = 0 \\ \Delta\delta = 0 \end{array}\right\} \quad \rightarrow \quad \sum_{n=1}^{\infty}\left(-\frac{\Delta\lambda}{\lambda}\right)^n = 0 \tag{3.37}$$

Fall 2:

$$\left.\begin{array}{c} \dfrac{\Delta\delta_0}{\delta_0} = -2 \\[2mm] \dfrac{\Delta\delta}{\delta} = -2 \end{array}\right\} \quad \rightarrow \quad \sum_{n=1}^{\infty}\left(-\frac{\Delta\lambda}{\lambda}\right)^n = -2 \tag{3.38}$$

Die Summe der vorzeichenbehafteten Potenzen der normierten Wellenlängen-Driftquelle $\dfrac{\Delta\lambda}{\lambda}$ ist konstant. Weiterhin folgt

$$\text{Fall (3.37)}: \quad \tilde{\delta}_0 = \delta_0; \quad \tilde{\delta} = \delta \tag{3.39}$$

$$\text{Fall (3.38)}: \quad \tilde{\delta}_0 = -\delta_0; \quad \tilde{\delta} = -\delta \tag{3.40}$$

Dabei sind in beiden Fällen $\tilde{\delta}_0$ und $\tilde{\delta}$ konstant, weil in der zugehörigen Taylor-Reihe λ den konstanten Entwicklungspunkt darstellt. Somit sind in (3.39) und (3.40) die Doppelbrechungsparameter δ_0 und δ wieder die konstanten Nominalwerte.

3.4 Gleichzeitiges Auftreten von Wellenlängen-, Längen- und Doppelbrechungsdrift

Beim praxisrelevanten gleichzeitigen Auftreten der Drift von Wellenlänge, Doppelbrechung und Länge überlagern sich die einzelnen Effekte bezüglich $\Delta\delta_0$ bzw. $\Delta\delta$. Damit erhält man als Kompensationsbedingungen, die auch die Sensor-DGL (2.47) liefert:

Fall 1:

$$\Delta\delta_0 = \Delta\delta = 0 \quad \rightarrow \quad \left\{\begin{array}{l} \dfrac{\Delta(\Delta n_0 L_0)}{\Delta n_0 L_0} + \displaystyle\sum_{n=1}^{\infty}\left(-\frac{\Delta\lambda}{\lambda}\right)^n = 0 \\[4mm] \dfrac{\Delta(\Delta n L)}{\Delta n L} + \displaystyle\sum_{n=1}^{\infty}\left(-\frac{\Delta\lambda}{\lambda}\right)^n = 0 \end{array}\right. \tag{3.41}$$

Fall 2:

$$\frac{\Delta\delta_o}{\delta_o} = \frac{\Delta\delta}{\delta} = -2 \quad \rightarrow \quad \begin{cases} \dfrac{\Delta(\Delta n_o L_o)}{\Delta n_o L_o} + \displaystyle\sum_{n=1}^{\infty}\left(-\frac{\Delta\lambda}{\lambda}\right)^n = -2 \\[2ex] \dfrac{\Delta(\Delta n L)}{\Delta n L} + \displaystyle\sum_{n=1}^{\infty}\left(-\frac{\Delta\lambda}{\lambda}\right)^n = -2 \end{cases} \qquad (3.42)$$

3.5   Koeffizientendrift

In (2.46) wurde die Größe K der Sensor-DGL (2.47) definiert. Sie lautet

$$K = \frac{v_i S_E P_{in}}{8T} \qquad (3.43)$$

Da K nicht in die Lösungen der Sensor-DGL (2.47) eingeht, spielt auch die Drift

- der Stromverstärkung Δv_i ,
- der Photoempfindlichkeit ΔS_E ,
- der optischen Leistung der Laserdiode ΔP_{in} ,
- der Zeitkonstanten ΔT

keine Rolle für die Funktion des faseroptischen Stromsensors, unter der Bedingung, dass

$$K > 0, \quad K \in R, \qquad (3.44)$$

also positiv reell ist.

Zusammenfassung 4

Es wurde eine Erfindung für einen neuartigen reflektierenden Faraday-Effekt-Stromsensors vorgelegt. Dieser Stromsensor ist gekennzeichnet durch

- einen einfachen Aufbau mit handelsüblichen optischen und elektronischen Komponenten,
- eine streng lineare Beziehung zwischen Messwerten und Messgrößen,
- die Kompensation der Doppelbrechung der Sensor-LWL und der Drift aller Einflussgrößen auf die Lösungen einer neuartigen den Sensor beschreibenden nichtlinearen Differenzialgleichung,
- moderate Kosten.

Die Beweise zu diesen Aussagen finden Sie im vorgelegten Essential.

© Springer Fachmedien Wiesbaden 2015
R. Thiele, *Reflektierender Faraday-Effekt-Stromsensor,* essentials,
DOI 10.1007/978-3-658-09445-4_4

Was Sie aus diesem Essential mitnehmen können

* Einsichten in das Funktionsprinzip eines faseroptischen Stromsensors
* Applikationsbeispiele zum Jones- Kalkül
* Test der Eigenschaften eines optischen Kopplers
* Methoden zur Lösung nichtlinearer Sensor- Differentialgleichungen
* Methoden zur Drift- Kompensation in faseroptischen Stromsensoren

© Springer Fachmedien Wiesbaden 2015
R. Thiele, *Reflektierender Faraday-Effekt-Stromsensor*, essentials,
DOI 10.1007/978-3-658-09445-4

Weiterführende Literatur

Thiele, R.: Systemtheoretische Grundlagen der Lichtwellenleitertechnik. Studienheft ITI 7. Private Fern-Fachhochschule Darmstadt (1997)

Thiele, R.: Systemtheoretische Grundlagen der Lichtwellenleitertechnik. Studienheft ITI 8. Private Fern-Fachhochschule Darmstadt (1998)

Thiele, R.: Optische Nachrichtensysteme und Sensornetzwerke. Ein systemtheoretischer Zugang. Vieweg Verlag, Braunschweig (2002)

Thiele, R.: Schaltungsanordnung zur Messung elektrischer Ströme in elektrischen Leitern mit Lichtwellenleitern. Deutsches Patent- und Markenamt, Nr. 102005003200 (19.4.2007)

Thiele, R.: Schaltungsanordnung zur Messung elektrischer Ströme in elektrischen Leitern mit Lichtwellenleitern. Deutsches Patent- und Markenamt, Nr. 102006002301 (15.11.2007)

Thiele, R.: Optische Netzwerke. Ein feldtheoretischer Zugang. Vieweg Verlag, Wiesbaden (2008)

Thiele, R., Benedix, W.S.: Schaltungsanordnung eines optischen Nachrichtensystems zur Übertragung der z-Komponente der elektrischen Verschiebungsflussdichte und deren Auswertung mit einem z-Komponenten-Analysator auf der Empfangsseite. Offenlegungsschrift, Deutsches Patent- und Markenamt, DE 10327881A12005.01.05

Thiele, R., Benedix, W.S., Nette, R.: Einrichtung und Verfahren zur Übertragung von Lichtsignalen in Lichtwellenleitern. Deutsches Patent- und Markenamt, Nr. 112004002889 (29.4.2010)

© Springer Fachmedien Wiesbaden 2015
R. Thiele, *Reflektierender Faraday-Effekt-Stromsensor*, essentials,
DOI 10.1007/978-3-658-09445-4